KB153424

SHURAZ
E G G
T A R T

박지현

대학에서 식품영양학을 전공했고, 취미로 시작한 베이킹에 흥미를 느껴 2015년 베이킹 수업을 시작으로 이듬해 슈라즈케이크 매장을 오픈해 한국 재료를 이용한 디저트 개발과 베이킹 수업을 병행하고 있습니다. 나카무라 아카데미(NAKAMURA ACADEMY)에서 제과 과정을 수료했으며, 르 꼬르동 블루(Le Cordon Bleu)에서 제과 과정을 수료한 남편과 함께 매일매일 정성을 담은 디저트를 만들고 있습니다. 저서로는 『슈라즈 롤케이크 & 쇼트 케이크』가 있습니다.

@shurazcake

blog.naver.com/halusalee83

SHURAZ EGG TART 슈라즈 에그 타르트

초판 1쇄 인쇄   2024년 03월 13일
초판 1쇄 발행   2024년 03월 27일

지은이 박지현 │ **펴낸이** 박윤선 │ **발행처** (주)더테이블

기획·편집 박윤선 │ **교정·교열** 이지훈, 김영란 │ **디자인** 김보라 │ **사진·영상** 조원석 │ **스타일링** 이화영
영업 김남권, 조용훈, 문성빈 │ **영업지원** 김효선, 이정민

주소 경기도 부천시 조마루로385번길 122 삼보테크노타워 2002호
홈페이지 www.icoxpublish.com │ **쇼핑몰** www.baek2.kr (백두도서쇼핑몰) │ **인스타그램** @thetable_book
이메일 thetable_book@naver.com │ **전화** 032) 674-5685 │ **팩스** 032) 676-5685
등록 2022년 8월 4일 제 386-2022-000050 호 │ **ISBN** 979-11-92855-08-0 (13590)

더 테이블
THE TABLE

SHURAZ CAKE RECIPE BOOK 2

SHURAZ EGG TART

슈라즈 에그 타르트

박지현 지음

prologue

저도 집에서 베이킹을 하던 시절이 있었어요. 그때 집에 있는 작은 오븐으로 자주 만들어 먹던 디저트가 바로 에그 타르트였어요. 수년이 지나고 매장을 운영하면서 문득 에그 타르트를 떠올리게 되었고, 오래된 레시피를 찾아 다시 만들어보았죠. 슈라즈케이크의 에그 타르트는 이렇게 시작되었답니다. 예전에 만들어 먹던 기억을 떠올리며 레시피를 수정하고 보완해가며 수많은 테스트를 거쳐 탄생된 에그 타르트. 이제는 '슈라즈케이크'하면 가장 먼저 떠오르는 메뉴가 될 정도로 많은 분들에게 사랑받는 인기 메뉴이자 매장의 효자 상품으로 자리잡게 되었습니다.

에그 타르트가 매장에서 불티나게 팔리기 시작하면서 수업 요청도 쇄도했는데요, 오전과 오후로 나눠서 수업을 할 정도로 배우러 오시는 분들이 많았고, 택배 판매의 경우 10초도 되지 않아 마감이 된 적이 있을 정도로 인기가 많았습니다. 백화점 판매를 했을 때는 정말이지 밑 빠진 독에 물 붓는 것처럼 쇼케이스에 채우면 사라지고 채우면 또 사라지는 신기한 경험을 하기도 했지요.

이렇게 오랜 시간 많은 분들에게 사랑받은 메뉴를 책으로 출간하게 되었습니다. 그동안 받은 사랑만큼 감사한 마음으로 제가 시행착오를 겪으며 경험한 모든 것들을 다시 한번 테스트해가며 확인해 기록했고, 수강생 분들이 공통적으로 많이 질문하셨던 것들과 놓치기 쉬운 포인트들을 하나하나 꼼꼼하게 담았습니다.

오븐에서 갓 구워져 나온 김이 모락모락 피어나는 에그 타르트를 보고 있자면 마음이 절로 따뜻해집니다. 따뜻하고 달콤한 에그 타르트처럼 소중한 분들과 따뜻함을 함께 나누고 싶을 때 펴볼 수 있는 다정한 책이 되길 바랍니다.

2024년 3월, 저자 **박지현**

contents

shuraz egg tart recipes

about shuraz egg tart

shuraz.

before baking
& base recipes

에그 타르트란?

에그 타르트는 타르트지인 셸Shell의 식감에 따라 크게 두 가지로 나뉩니다. 바삭하고 가볍게 부서지는 식감의 결이 있는 페이스트리의 셸은 포르투갈식 에그 타르트, 밀도 있게 부스러지는 쿠키 같은 식감의 셸은 홍콩식 에그 타르트로 분류할 수 있습니다.

● 포르투갈식 에그 타르트

예전의 포르투갈 수녀들은 수도복을 빳빳하게 만들기 위해 달걀흰자로 풀을 먹었다고 하는데요, 그러고 남은 노른자로 만들어 먹은 것이 바로 에그 타르트라고 합니다. 포르투갈식 에그 타르트는 윗면의 구움색이 캐러멜 색으로 진하고 버터의 풍미가 가득한 것이 특징입니다.

● 홍콩식 에그 타르트

20세기 초 포르투갈의 식민지였던 마카오로 에그 타르트가 전해졌고, 1999년 말 마카오가 중화인민공화국에 반환되자 홍콩에도 전해지게 되었습니다. 홍콩식 에그 타르트는 쿠키 식감의 담백한 셸에 커스터드 크림이 필링으로 들어가며, 오래 익히지 않아 윗면의 구움색이 매끈한 노란빛을 띠는 것이 특징입니다.

1

Pâte
Brisée

파트 브리제

공정이 다소 복잡한 푀이타주 반죽과 다르게 간단하고 빠르게 만들 수 있는 반죽으로, 슈라즈케이크에서 실제 사용하고 있는 에그 타르트 셸이기도 합니다. 파트 브리제는 잘게 다진 재료들을 가볍게 뭉쳐 만듭니다. 사용하는 버터를 크게 잘라 사용하면 그만큼 반죽 사이사이에 넓은 층(결)이 생겨 식감이 더 바삭해집니다. 반대로 버터의 크기를 작게 잘라 사용하면 조밀한 결을 낼 수 있으므로 원하는 대로 식감을 조절할 수 있습니다. 설탕 함량이 높지 않은 배합이므로 단맛이 부족하지 않은 필링을 채워 굽는 것을 권장합니다.

ingredients

취미용 (에그 타르트 약 14개-47g 분할 기준)

박력분	…………………………	300g
버터	…………………………	226g
물	…………………………	110g
소금	…………………………	3g
설탕	…………………………	40g
총		**679g**

업장용 (에그 타르트 약 125개-47g 분할 기준)

박력분	…………………………	2,400g
버터	…………………………	2,250g
물	…………………………	880g
소금	…………………………	24g
설탕	…………………………	320g
총		**5,874g**

★ 버터와 물의 온도는 반죽의 완성도와 식감을 좌우 짓는 중요한 요소입니다. 꼭 냉장 상태로 준비해 주세요.

★ 엘르앤비르 고메 버터를 사용하면 작업성이 좋고 부드러운 식감으로 완성됩니다. 프레지덩 버터를 사용하면 작업성은 상대적으로 떨어지지만 단단하면서도 바삭한 식감으로 완성됩니다.

★ 여기에서는 작업성을 위해 앵커 버터(1125g)와 엘르앤비르 판버터(1125g)를 절반씩 사용했습니다.

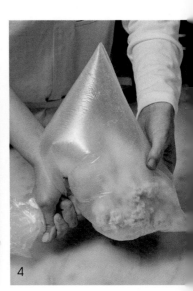

① 푸드프로세서로 만들기 (취미용 배합)

1. 푸드프로세서에 박력분, 깍둑썰기한 차가운 상태의 버터, 소금, 설탕을 넣고 갈아줍니다.

2. 버터가 뚜껑 쪽으로 더이상 튀어 오르지 않고, 버터의 크기가 콩알만 하게 갈린 상태가 되면
   차가운 상태의 물을 조금씩 넣어가며 갈아줍니다.

   물을 넣을 때는 푸드프로세서 옆면이 아닌, 재료가 있는 중앙 부분으로 흘려 넣습니다. 옆면으로 흘려 넣으면
   보슬보슬한 소보로 상태가 아닌 반죽 상태로 뭉쳐집니다.

3. 소보로 상태가 되면 마무리합니다. 푸드프로세서의 옆면을 보면 날가루가 남아 있지 않은 상태입니다.

4. 완성된 파트 브리제는 비닐봉지에 담고 가볍게 흔들어 수분을 포함한 모든 재료가 골고루 섞이게 합니다.

   날가루가 너무 많이 남아 있는 상태에서 비닐봉지에 담으면 휴지를 오래 해도 날가루가 그대로 남아 있어 사용하기 어렵습니다.

5. 바닥에 놓고 한 덩어리로 만들어줍니다.

   비닐봉지 입구가 열린 상태에서 한 덩어리가 되도록 가볍게 치대면서 뭉쳐줍니다. 이때 너무 많이 치대면 반죽 속 버터가
   녹아버리므로 반죽이 쉽게 갈라지지 않을 정도로만 가볍게 덩어리 상태로 만들어 휴지시킵니다.

6. 냉장고에서 최소 하루 동안 휴지시킨 후 사용합니다.

   밀어 펴고 싶은 모양으로 만들어 휴지시키면 추후 작업이 수월합니다. 반죽 두께가 너무 두꺼워도 밀어 펴기 어려우니
   모양을 만든 후 손바닥으로 눌러 납작한 상태로 휴지시킵니다.

 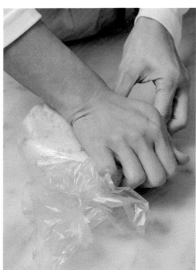 

② 손반죽으로 만들기 (취미용 배합)

1. 볼에 사방 1cm로 깍둑썰기한 버터와 박력분, 소금, 설탕을 넣고 가볍게 섞어줍니다.

   모든 재료는 차가운 상태로 준비해 사용합니다. (여름에는 냉동 상태의 버터를 사용해도 좋습니다.)

2. 크기가 크거나 단단한 상태의 버터가 있다면 손으로 잘 주물러가며 섞어줍니다.

3. 버터에 가루를 입혀주는 느낌으로 모든 재료를 들었다 났다 하는 동작으로
   부슬부슬한 상태로 만들어줍니다.

   손의 열로 인해 버터가 녹지 않도록 누르거나 치대지 않습니다.

4. 차가운 상태의 물을 세 번 정도 나눠 넣어가며 섞어줍니다.

   물을 넣고 섞고, 다시 물을 넣고 섞고를 반복해 물을 머금은 큰 덩어리가 생기지 않게 합니다.

5. 버터의 크기가 일정해지고, 가루 재료가 고르게 퍼지고 볼에 날가루가 묻어 있지 않은
   상태가 되면 한 덩어리로 뭉쳐줍니다.

6. 비닐에 담고 냉장고에서 최소 하루 동안 휴지시킨 후 사용합니다.

   휴지시키는 목적은 반죽 속 수분이 고르게 퍼져 균일하게 한 덩어리가 되도록 하기 위함입니다.
   반죽에 수분이 고르게 퍼지지 않으면 깔끔하게 분할되지 않거나, 어느 한 쪽만 수분이 많거나 가루 재료가 많아
   일정하게 완성되지 않습니다.

6

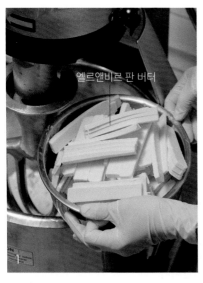

엘르앤비르 판 버터

앵커 버터

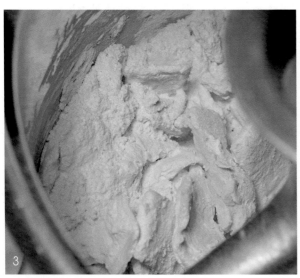

③ 20L 반죽기로 만들기 (업장용 배합)

1. 얇게 썰어둔 차가운 상태의 버터를 준비합니다.

여기에서는 앵커 버터와 엘르앤비르 판 버터를 1:1로 섞어 사용했습니다.
버터의 모양이 다르므로 잘라진 모양도 다릅니다.

2. 믹싱볼에 박력분 절반, 설탕, 소금, 자른 버터를 넣고 믹싱합니다.

3. 버터에 박력분이 골고루 묻은 상태가 되면 남은 박력분을 모두 넣고
믹싱합니다.

4. 길게 썬 버터(엘르앤비르 판 버터)가 약간 휘어지는 상태가 되고,
짧게 썬 버터(앵커 버터)가 조금 작아진 상태로 부서진 상태가 되면
차가운 상태의 물을 흘려 넣으면서 믹싱합니다.

5. 믹싱하는 중간중간 비터의 홈에 낀 반죽을 스크래퍼로 빼내주면서
작업합니다.

6. 반죽이 뭉쳐지기 시작하고, 믹싱볼 바닥에 날가루가 남아 있지 않고
바닥이 깨끗하게 보이기 시작하면 믹싱을 멈춥니다.

반죽의 양이 많으므로 날가루가 있는 상태에서 믹싱을 멈추면 취미용 반죽보다 더
휴지가 되지 않아 사용하기 어렵습니다.

냉장 휴지 후 냉동 보관하며 2~3개월 동안 사용할 수 있습니다. (단, 반드시 휴지시킨
후 냉동해야 하며 냉장고에서 해동한 후 사용합니다.)

7. 비닐봉지에 반죽을 담고 밀대나 팔을 이용해 한 덩어리로 뭉쳐줍니다.

대용량이므로 세 덩어리로 나눠 작업합니다. 이때 버터가 많아 보이거나
물을 많이 머금은 부분을 골고루 분배해 균일한 상태의 반죽이 되도록 합니다.

8. 완성한 반죽은 냉장고에서 하루 동안 휴지시킨 후 사용합니다.

푸드프로세서 VS 손반죽 VS 반죽기

가정에서 만드는 경우 푸드프로세서 또는 손으로 반죽 작업을 할 수 있습니다. 푸드프로세서를 사용하는 경우 작업이 편하지만, 버터가 쌀알 크기로 잘게 잘라지기 때문에 버터를 원하는 크기로 조절하기 어려운 단점이 있습니다.

* 오븐에서 반죽 속 버터가 녹아 층(공간)을 형성하므로, 버터의 크기는 식감에 영향을 주는 중요한 요인입니다. 버터의 크기가 상대적으로 작으면 부드럽게 바스라지는 식감으로, 버터의 크기가 상대적으로 크면 바삭한 식감으로 완성됩니다.)

반면 손으로 반죽하는 경우 버터의 크기를 확인하며 조절할 수 있고, 크기를 유지한 상태로 수분 재료를 넣어 작업할 수 있는 장점이 있습니다. (단, 작업 속도나 환경에 따라 반죽이 질어질 수 있습니다.) 이때 손의 열로 버터가 녹지 않게 주의하고, 재료가 전체적으로 균일하게 섞일 수 있게 하는 것이 중요합니다.

대량으로 작업하는 경우 반죽기를 사용하는 것이 편리하지만, 모든 재료가 균일하게 섞이기 어려워 반죽의 상태가 고르지 않을 수 있다는 단점이 있습니다. 양이 많기 때문에 한 덩어리보다는 세 덩어리로 나눠 휴지시키는 것이 좋습니다.

2

Fonçage

폼사주

'폼사주'는 반죽을 틀에 넣고 원하는 모양으로 만드는 작업을 말합니다. 아래의 사항을 참고하여 작업해주세요.

① 밀어 펼 반죽은 차가운 상태여야 합니다.

실온에 오래 두어 말랑한 상태가 된 반죽은 힘없이 흐물거려 원하는 모양을 만들기 어렵고 폼사주 후에도 반죽이 힘없이 주저앉아버립니다. 이런 이유로 냉기를 머금은 차가운 상태의 반죽을 사용해야 하며, 빠르게 작업해 반죽이 늘어지지 않게 해야 합니다.

② 구멍이 나거나 어느 한 부분이 지나치게 얇아진 반죽은 사용하지 않습니다.

이 경우 충전물을 채우거나 오븐에서 구워지는 과정에서 충전물이 흘러나와 제대로 완성되지 않습니다.

③ 밀대로 반죽을 밀 때는 반죽을 계속 돌려가며 밀어 펴 최대한 동그란 모양으로 만들어줍니다.

90°로 돌려가며 밀어 펴면 사각형에 가깝게 완성되므로, 조금씩 돌려가며 중간중간 모양을 확인하면서 고르게 밀어 폅니다.

④ 밀어 펴는 중간중간 덧가루를 사용합니다.

이때 덧가루를 너무 많이 사용하면 텁텁한 맛으로 완성되므로, 반죽이 바닥에 들러붙지 않을 정도로만 소량 사용합니다.

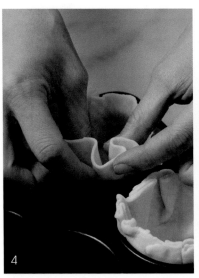

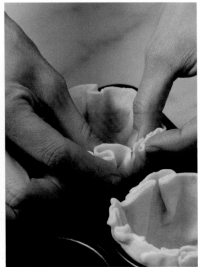

① 12구 머핀 틀 사용하기

1. 냉장고에서 숙성시킨 차가운 상태의 파트 브리제를 42~50g으로 분할합니다.

슈라즈케이크에서는 47g으로 분할해 작업하고 있습니다.

2. 손으로 동그랗게 빚어줍니다.

이때 반죽을 너무 오래 만지면 버터가 녹아 새어나올 수 있으므로 빠르게 작업합니다.

3. 지름 17~20cm 정도로 밀어 펴줍니다.

소량의 덧가루를 사용하면서 반죽을 돌려가며 밀어 펴 동그랗게 만들어줍니다.

4. 동그랗게 밀어 편 반죽을 머핀 틀에 넣고 일정하게 주름을 잡아가며 틀 밖으로 반죽이 1cm 정도 높게 올라오도록 모양을 만들어줍니다.

반죽이 차가운 상태에서 작업을 해야 모양을 잡기 수월합니다. 만약 반죽에 냉기가 빠져 흐물거린다면 잠시 냉장고나 냉동고에 두어 모양을 잡기 쉬운 상태로 만든 후 작업합니다.

5. 반죽 옆면과 바닥을 잘 눌러 들뜬 부분이 없도록 합니다.

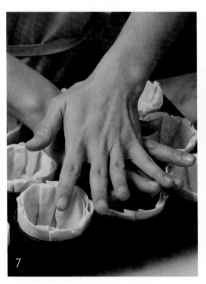

6. 퐁사주한 반죽은 차가운 상태가 되도록 냉장 또는 냉동 보관한 후
사용합니다.

반드시 냉장고나 냉동고에 두고 사용해야 하는 것은 아닙니다. 모양을 잡는 동안
반죽이 실온에 오래 머물렀다면 오븐에 들어가기 전 주저앉을 수 있으므로, 반죽 속
버터가 녹아 있는 상태가 아닌 굳어 있는 상태에서 오븐에 들어가도록 합니다.

7. 반죽이 냉기를 머금은 상태가 되면 틀과 쉽게 분리할 수 있습니다.
이때 손바닥으로 반죽을 가볍게 눌러 약간의 충격을 가하면
반죽을 틀에서 쉽게 분리할 수 있습니다.

8. 틀에서 분리한 반죽은 크렘 앙글레이즈를 채워 바로 사용하거나,
사진처럼 밀폐 용기에 넣어 냉동해 2~3주 동안 보관하며
사용할 수 있습니다.

머핀 틀에 퐁사주된 상태 그대로도, 퐁사주한 반죽을 얼린 후 머핀 틀에서 빼낸
상태로도 냉동 보관이 가능합니다. 단, 2~3주 정도의 장기간 동안 보관하거나,
냉동고의 자리가 부족한 경우 머핀 틀에서 빼내고 포개 담아 밀폐해
보관하는 것이 좋습니다.

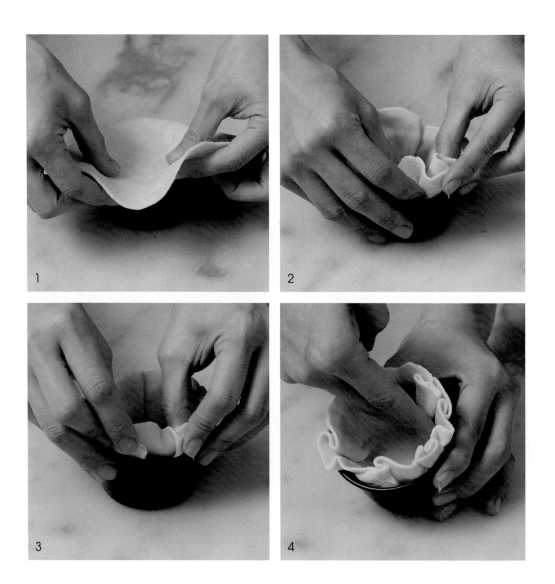

② 1구 머핀 틀 사용하기

슈라즈케이크에서는 오븐에 넣고 빼기 쉬운 12구 머핀 틀로
작업을 하고 있는데요, 가정에서 작업하는 경우 개별 머핀 틀을
사용해도 좋습니다. 퐁사주 하는 방법은 12구 머핀 틀과 동일합니다.
밀어 편 반죽을 틀 안쪽으로 넣고 퐁사주하면 됩니다. 마찬가지로
반죽이 사용하는 틀의 높이보다 1cm 정도 높게 퐁사주되어야 한다는
점도 잊지 마세요.

퐁사주 영상으로 배우기

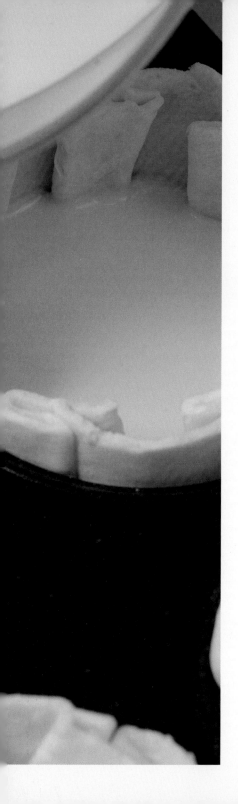

3

Crème Anglaise

크렘 앙글레이즈

에그 타르트 충전물의 베이스가 되는 크렘 앙글레이즈입니다. 이 책에서는 1구 머핀 틀을 사용하거나 12구 머핀 틀에 여러 가지 맛을 조금씩 만들어보고 싶은 홈베이커를 위해 전자레인지로 소량 만드는 방법, 가장 많은 분들이 사용하는 12구 머핀 틀 용량으로 완성하는 방법, 멸균 제품을 사용하고 빠르게 온도를 내려 안정적으로 완성하는 대량 생산 방법을 모두 담아 필요에 따라 선택해 작업하실 수 있도록 하였습니다.

① 전자레인지로 간단하게 만들기

1구 머핀 틀을 사용하거나, 12구 머핀 틀에 여러 가지 맛의 에그 타르트를 만들고 싶은 경우 추천하는 방법입니다. 전자레인지를 이용해 소량으로 쉽게 작업할 수 있습니다.

ingredients (에그 타르트 약 6개 분량)

우유	…………………	163g
생크림 (서울우유)	…………………	163g
노른자	…………………	87g
설탕	…………………	65g
바닐라빈	…………………	1/3개
총		약 478g

how to make

1. 전자레인지용으로 사용할 수 있는 비커에 우유, 생크림, 노른자를 넣어줍니다.

2. 설탕을 흘려 넣어가며 주걱으로 섞어줍니다.

휴지시키지 않고 바로 사용하는 경우라면 기포가 최대한 들어가지 않도록 살살 섞어줍니다.

3. 바닐라빈 씨와 껍질을 넣고 가볍게 섞어줍니다.

바닐라빈 대신 바닐라 익스트랙 2~3g을 사용해도 좋습니다.

4. 전자레인지에서 70~75℃가 될 때까지 온도를 올려준 후 주걱으로 저어줍니다.

전자레인지의 사양에 따라 10초 또는 20초씩 짧게 끊어가며 여러 번 돌려 온도를 맞춰줍니다. 한 번에 온도를 올리려고 오래 돌리면 달걀찜처럼 익어버립니다.

5. 체에 거른 후 냉장고에 두고 차가운 상태(냉장 상태)가 되면 사용합니다.

바로 사용해야 하는 경우 전자레인지에서 온도를 30~40℃까지만 온도를 올리고 냉장고에 두어 차가운 상태(냉장 상태)가 되면 사용합니다.

냉장고에서 온도를 낮추지 않고 30~40℃에서 바로 퐁사주한 반죽에 붓게 되면 반죽 속 버터가 녹아 반죽이 말랑해져 힘없이 늘어지기 때문입니다.

point

크렘 앙글레이즈를 만들 때는 무엇보다 온도를 잘 맞춰가며 작업하는 것이 중요합니다. 간혹 표면 온도계(적외선 온도계)로 잘못 체크하는 경우가 있는데요, 표면 온도계를 사용하는 경우 내용물을 저어가면서 안쪽 온도가 체크될 수 있도록 해야 합니다.

또한 기포가 없는 부분에 체크해야 하는데 기포 부분에서 온도를 재면 실제 온도보다 5℃까지 차이가 생길 수 있습니다. 이 경우 75℃로 온도를 확인하고 불에서 내려도 실제로는 80℃일 수 있으며 이로 인해 결과물이 달라질 수 있으니 주의합니다. 초보자의 경우 중심 온도계를 사용하는 것을 추천합니다.

② 소용량으로 만들기

구하기 쉬운 재료로 가정에서도 간단하게 만들 수 있는 크렘 앙글레이즈를 소개합니다. 가루 재료가 들어가지 않아도 노른자의 응고성으로 농도가 느껴지는 묵직한 푸딩 같은 질감을 낼 수 있습니다. 슈라즈케이크에서는 유지방의 부드러운 식감과 깊은 고소한 맛, 그리고 우유의 깔끔함이 동시에 느껴지도록 우유와 생크림을 함께 사용하고 있습니다. 또한 바닐라빈을 첨가해 비린 맛을 잡아주고 바닐라의 향과 풍미를 더해주었습니다.

ingredients (에그 타르트 약 12개 분량)

우유	⋯⋯⋯⋯⋯	327g
생크림 (서울우유)	⋯⋯⋯⋯⋯	327g
노른자	⋯⋯⋯⋯⋯	174.5g
설탕	⋯⋯⋯⋯⋯	130g
바닐라빈	⋯⋯⋯⋯⋯	2/3개
총		**약 958.5g**

how to make

1. 냄비에 우유, 생크림, 바닐라빈 씨와 껍질, 설탕 1/2을 넣고 약 50℃로 데워줍니다.

2. 볼에 남은 설탕, 노른자를 넣고 휘퍼로 고르게 섞어줍니다.

    과하게 저으면 기포가 많이 들어가므로 최대한 살살 섞어줍니다.

3. **2**에 50℃의 **1**을 부어가며 휘퍼로 잘 섞어줍니다.

4. 다시 냄비로 옮겨줍니다.

5. 약한 불에서 가열하면서 75℃로 맞춰줍니다.

    75℃가 되는 동안 눌어붙거나 뭉치는 부분이 없도록 냄비의 바닥과 옆면을 골고루 저어가면서 작업합니다. 75℃ 이상 올라가면 앙글레이즈의 점도가 높아지면서 구울 때 많이 부풀어오르고, 굽고난 후 안쪽에 구멍이 생길 수 있으므로 주의합니다.

    완성된 크렘 앙글레이즈는 체에 걸러 냉장고에 두어 차가운 상태(냉장 상태)가 되면 사용하거나, 바닐라빈 껍질과 함께 하루 동안 냉장고에서 휴지시킨 후 사용합니다.

③ 대용량으로 만들기

대량생산을 목적으로 많은 양의 크렘 앙글레이즈를 빠르게 냉장 온도로 낮추기 위해 사용하는 방법입니다. 국내산 생크림을 제외하고는 프랑스산 휘핑크림, 노른자, 우유 등 모든 유제품은 멸균 제품을 사용해 안정성을 높였습니다. 생크림은 끓어오를 정도로 온도를 올리고, 노른자는 익지 않게 중탕으로 온도를 올려 작업합니다. 온도를 올린 액체 재료와 노른자가 만났을 때 온도가 70℃가 되도록 하는 것이 포인트입니다.

ingredients (에그 타르트 약 130개 분량)

멸균우유 (서울우유)	....	3,600g
국내산 생크림 (서울우유)	....	1,800g
프랑스산 동물성 휘핑크림 (엘르앤비르 or 칸디아)	....	1,800g
바닐라 페이스트 (BABBI)	....	40g
바닐라빈	....	1개
설탕	....	1,440g
노른자 (아이엠에그)	....	1,920g
총		**10,600g**

how to make

1. 멸균우유는 팩 째로 냉동한 후 통에 담아 준비합니다.

2. 냄비에 생크림, 휘핑크림, 바닐라 페이스트, 바닐라빈 씨와 껍질, 설탕 1/2을 넣고 90℃ 이상으로 가열합니다.

     끓어오르기 직전까지 가열합니다.

3. 볼에 노른자(30℃), 남은 설탕을 넣고 휘퍼로 고르게 섞어줍니다.

     노른자는 2번 과정에서 가열하는 냄비 위에서 중탕으로 온도를 30℃로 올려 사용하면 편리합니다.

     노른자와 설탕을 섞을 때 보통 절반씩 넣어가며 섞어주면서 설탕을 녹여줍니다.
     만약 설탕이 다 녹지 않을 것이 걱정되는 환경이라면 설탕 양의 1/3만 노른자에 섞어주고,
     나머지는 우유를 가열하는 단계에 넣어 사용합니다. 또는 노른자에 설탕을 섞을 때 우유를
     가열하는 냄비 위에서 섞는 것도 좋은 방법입니다.

4. 3에 2를 붓고 노른자가 익지 않도록 빠르게, 볼 아랫부분까지 고르게 섞어줍니다.
    (최종 온도 70℃)

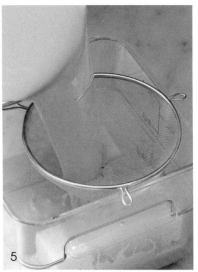  

5. 냉동한 멸균우유가 담긴 통에 체를 이용해 바로 부어줍니다.

냉동한 멸균우유를 사용하는 이유는 빠르게 온도를 내려 미생물이 번식하기 쉬운
온도에 머무는 시간을 빨리 지나가게 하기 위함입니다.

6. 완성된 크렘 앙글레이즈는 밀폐한 후 냉장고에 보관하며 사용합니다.

체에 걸러진 바닐라빈 껍질은 크렘 앙글레이즈에 다시 넣어줍니다. 보관하는 동안
바닐라빈의 향이 계속 우러나옵니다.

크렘 앙글레이즈는 냉장고에서 2~3일 동안 보관하며 사용할 수 있습니다.
(직접 가열하지 않았으므로 오래 보관하지 않습니다.)

대량 작업 시 주의 사항

대용량으로 작업하는 경우 특히 보관하는 방법이나 온도에 주의해야 합니다. 업소용 냉장고의 경우 자주 여닫기 때문에 한 쪽만 온도가 낮거나 높은 경우가 많습니다. 크렘 앙글레이즈를 대량으로 작업하고 많은 양을 뜨거운 상태 그대로 냉장고에 넣게 되면 주변의 온도가 함께 올라가고, 크렘 앙글레이즈의 양이 많아 온도가 늦게 떨어지므로 그만큼 쉽게 상하게 됩니다. 따라서 책에서 소개하는 것처럼 얼린 우유에 크렘 앙글레이즈를 부어 빠르게 온도를 식히고 냉장고에 넣어주는 것이 좋습니다.

④ 이 책에서 사용한 오븐

에그 타르트는 컨벡션 오븐의 바람으로 수분을 날려가며 굽는 것이 가장 바삭하고 맛있게 구워집니다. (이 책에서는 스메그 컨벡션 오븐 ALFA43K 모델을 사용했습니다.) 데크 오븐의 경우 바삭하게 구워지기 어렵고 충분한 구움색이 나기 위해 컨벡션 오븐보다 훨씬 더 오래 구워야 합니다. 에어프라이어의 경우 브랜드마다 다르지만 바람으로 구워지기 때문에 컨벡션 오븐과 비슷하게 구워집니다. 단, 컨벡션 오븐에 비해 내부가 작아 오버쿡되기 쉬우므로 굽는 온도와 시간을 조절해야 합니다. (실제로 이 책의 모든 에그 타르트를 에어프라이어로 구워보았는데 모두 문제 없이 잘 나왔습니다.)

★ 모든 레시피가 마찬가지이겠지만 사실 오븐의 온도와 시간은 정확하지 않습니다. 12구 머핀 틀 1판이 들어가는지, 4판이 들어가는지에 따라 달라질 수밖에 없기 때문이에요. 그래서 추천하는 방법은 우선 210℃에서 20분을 굽고 180℃로 낮춰서 중간중간 색을 확인해가며 원하는 구움색이 될 때까지 약 20분 동안 추가로 더 굽는 것입니다.

에어프라이어로 만든 에그 타르트

파트 브리제 에그 타르트

파트 푀이타주 에그 타르트

구워진 직후 봉긋한 상태

자연스럽게
내려 앉은 상태

틀과 잘
분리되지
않을 때는
스패츌러로!

1

2

3

4

⑤ 구운 에그 타르트 보관법

1. 구워져 나온 직후의 에그 타르트는 봉긋하게 올라온 상태이며,
   시간이 지나면서 자연스럽게 내려앉아 평평해집니다.

2. 틀 째 식힌 에그타르트를 철판 위에 두고 식힘망을 올립니다.

   틀에서 에그 타르트가 빠져나오지 않는 경우 미니 스패출러를 이용해 가장자리를
   떨어뜨려줍니다.

3. 틀과 식힘망을 함께 잡고 뒤집어줍니다.

4. 틀을 제거합니다.

5. 뒤집어진 에그 타르트를 다시 똑바로 세워줍니다.

6. 슈라즈케이크에서는 밀폐된 실온의 쇼케이스에서 당일 판매, 소진합니다.
   집에서 보관하는 경우도 마찬가지로 서늘한 곳에서 하루 보관하고,
   하루 이상 보관할 경우 냉장 또는 냉동 보관합니다.

shuraz egg tart recipes

1

PLAIN
EGG TART

플레인 에그 타르트

ingredients (12구 머핀 틀 1판 분량)

크렘 앙글레이즈 (32p)	....	960g
파트 브리제 (12p)	....	564g

★ 크렘 앙글레이즈는 틀 1구당 80g을 채울 때 기준이며, 파트
   브리제는 47g씩 분할해 만들 때의 기준입니다.

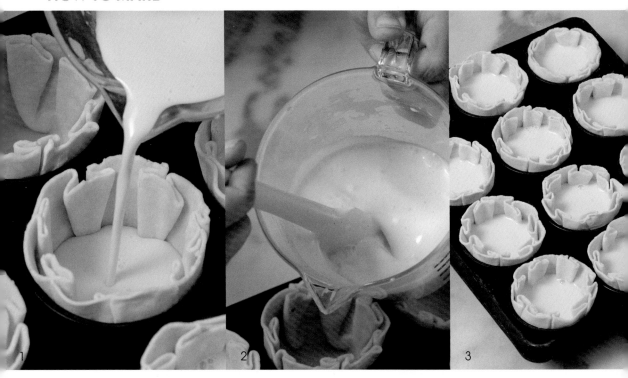

1. 풍사주한 반죽에 차가운 상태의 크렘 앙글레이즈를 머핀 틀 높이 기준 1cm 아래까지
   부어줍니다.

    사용하는 틀의 모양, 풍사주한 반죽의 높이에 따라 앙글레이즈의 양이 달라질 수 있습니다.

2. 바닐라빈이 섞인 크렘 앙글레이즈이므로 중간중간 주걱으로 바닥 부분을
   섞어가며 부어 바닐라빈 씨가 골고루 들어갈 수 있도록 합니다.

3. 210℃로 예열된 오븐에서 20분간 굽고, 180℃로 낮춰 20분간 추가로 구워줍니다.

4. 구워져 나온 직후에는 표면이 봉긋하게 올라온 상태이며, 시간이 지나면
    자연스럽게 내려앉습니다.

5. 구워져 나온 에그 타르트는 틀에 담긴 그대로 식혀 어느 정도 필링이 안정되면 식힘망에
    뒤집어 빼냅니다.

 식힘망을 틀에 올린 채로 뒤집으면 더 편리합니다.

7년 전 에그 타르트를 처음 판매했을 때부터 지금까지 많은 분들이 찾아주시는 슈라즈케이크 NO.1 플레인 에그 타르트입니다. 걸쭉하고 텁텁한 식감보다는 푸딩처럼 탱글탱글하면서도 부드러운 식감의 에그 타르트를 만들고 싶었습니다. 그래서 가루 재료를 넣지 않고 노른자의 응고성만으로 푸딩 같은 질감을 내는 크렘 앙글레이즈로 완성했습니다. 최대한 기포가 들어가지 않게 작업해야 기공이 생기지 않아 식감도 부드럽게 나올 수 있어서 하루 동안 휴지시켜 사용하고 있습니다. 반죽 사이사이에 결을 내어 바삭한 파트 브리제를 타르트 셸로 사용하여 한 입 베어 물었을 때 바삭한 식감과 담백한 맛, 노른자의 고소함과 유지방의 풍미, 바닐라빈의 진한 맛까지 함께 느낄 수 있는 에그 타르트랍니다.

2

CORN
EGG TART

옥수수 에그 타르트

ingredients (12구 머핀 틀 1판 분량)

옥수수 크렘 앙글레이즈			에그 타르트 1개 분량
옥수수 스프 분말 (오뚜기)	....	12g	1g
크렘 앙글레이즈 (32p)	....	840g	70g
총		**약 852g**	**71g**
충전물			
옥수수 (냉동)	....	180g	15g
반죽			
파트 브리제 (12p)	....	564g	42~50g

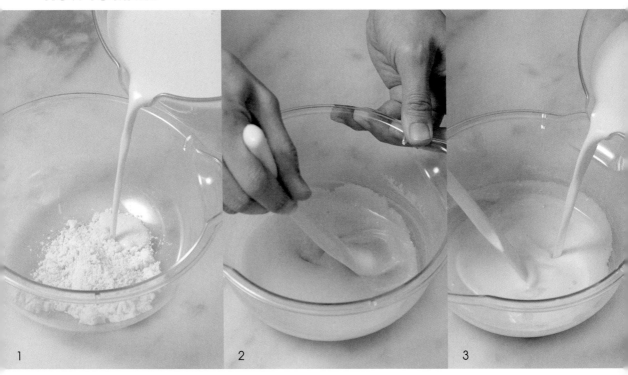

옥수수 크렘 앙글레이즈

1. 옥수수 스프 분말이 담긴 볼에 크렘 앙글레이즈 소량을 넣어줍니다.

🥕 옥수수 스프는 오뚜기 제품을 사용했습니다. 타 브랜드의 제품은 양파나 마늘과 같은 감칠맛을 더해주는 재료들의 맛이 도드라져 사용하지 않고 있습니다.

🥕 옥수수 스프의 양은 취향에 따라 2~3g까지 늘려주어도 좋습니다. 단, 옥수수 스프의 주원료가 전분이므로 가열하면서 점도가 생겨 많이 들어갈수록 표면이 부풀게 완성됩니다.

2. 주걱으로 개어가며 옥수수 스프 분말을 덩어리 없이 잘 풀어줍니다.

🥕 크렘 앙글레이즈가 담긴 볼에 옥수수 스프 분말을 넣으면 가루가 뭉치고 둥둥 떠 잘 섞이지 않습니다.

3. 남은 크렘 앙글레이즈와 함께 섞어줍니다.

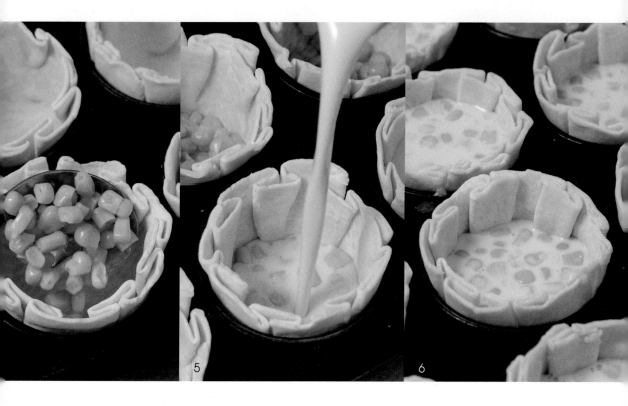

5

6

마무리

4. 퐁사주한 반죽에 냉장 상태의 옥수수를 15g씩 넣어줍니다.

냉동 옥수수는 키친타월에 받쳐 실온에 두어 자연 해동하거나, 키친타월에 받친 상태로 전자레인지에서 해동 옵션에 맞춰 돌려 물기가 없는 상태로 사용합니다. 해동하지 않은 냉동 옥수수를 사용하면 타르트 바닥 부분이 물기가 있는 상태로 바삭하지 않게 완성됩니다.

통조림 옥수수를 사용할 수도 있지만 냉동 옥수수에 비해 단맛이 강하게 완성됩니다.

5. 차가운 상태의 옥수수 크렘 앙글레이즈를 머핀 틀 높이 기준 1cm 아래까지 부어줍니다.

사용하는 틀의 모양, 퐁사주한 반죽의 높이에 따라 앙글레이즈의 양이 달라질 수 있습니다.

6. 210℃로 예열된 오븐에서 20분간 굽고, 180℃로 낮춰 20분간 추가로 구워줍니다.

구워져 나온 직후에는 표면이 봉긋하게 올라온 상태이며, 시간이 지나면 자연스럽게 내려앉습니다.

구운 에그 타르트는 틀에 담긴 그대로 식혀 어느 정도 필링이 안정되면 식힘망에 뒤집어 빼냅니다.

노른자를 베이스로 하는 크렘 앙글레이즈와 잘 어울리는 옥수수 에그 타르트입니다. 옥수수의 고소하고 담백한 맛이 달콤한 크렘 앙글레이즈 필링과 참 잘 어울립니다. 부드러운 푸딩 식감의 필링 속 수분감 있게 톡톡 터지는 옥수수의 식감이 재미있게 느껴지며, 표면에서 구워져 더 쫀득해진 옥수수의 식감도 이 타르트의 매력 포인트 중 하나랍니다.

3
CHOCOLATE EGG TART

초콜릿 에그 타르트

ingredients (12구 머핀 틀 1판 분량)

초콜릿 크렘 앙글레이즈			에그 타르트 1개 분량
다크초콜릿 (펠클린, 사오팔메 60%)	········	144g	12g
크렘 앙글레이즈 (32p)	········	960g	80g
총		약 1104g	92g

반죽			
파트 브리제 (12p)	····················	564g	42~50g

1. 다크초콜릿이 담긴 볼에 비슷한 양의 크렘 앙글레이즈를 붓고 전자레인지에서 짧게 끊어 가며 다크초콜릿이 녹을 정도(약 30~40℃)로 데워줍니다.

 적절한 단맛을 위해 카카오 함량 55~60%의 커버추어 초콜릿을 사용하는 것을 추천합니다.

 크렘 앙글레이즈를 너무 많이 부으면 전체적으로 잘 섞이기 어려워 다크초콜릿이 덩어리질 수 있으므로 주의합니다.

2. 주걱으로 저어가며 다크초콜릿을 잘 녹여줍니다.

3. 남은 크렘 앙글레이즈를 나눠 넣어가며 고르게 잘 섞어줍니다.

 크렘 앙글레이즈를 한 번에 넣고 섞으면 덩어리가 생길 수 있고, 매끈한 상태로 완성되지 않습니다.

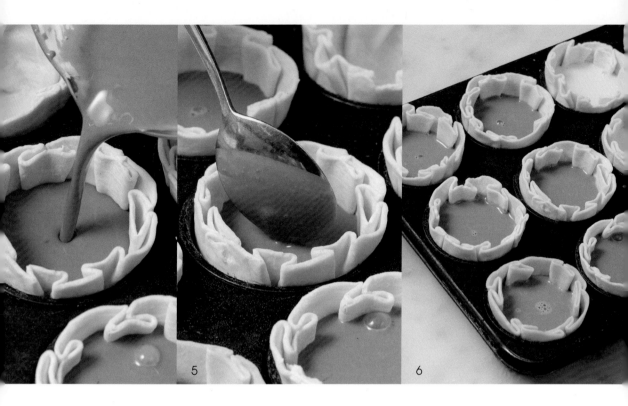

5

6

4. 퐁사주한 반죽에 차가운 상태의 초콜릿 크렘 앙글레이즈를 머핀 틀 높이 기준 1cm
   아래까지 부어줍니다.

   🥕 사용하는 틀의 모양, 퐁사주한 반죽의 높이에 따라 앙글레이즈의 양이 달라질 수 있습니다.

5. 너무 많이 들어간 곳이 있다면 숟가락으로 떠 양을 조절합니다.

6. 210℃로 예열된 오븐에서 20분간 굽고, 180℃로 낮춰 20분간 추가로 구워줍니다.

   🥕 구워져 나온 직후에는 표면이 봉긋하게 올라온 상태이며, 시간이 지나면 자연스럽게 내려앉습니다.

   🥕 구운 에그 타르트는 틀에 담긴 그대로 식혀 어느 정도 필링이 안정되면 식힘망에 뒤집어 빼냅니다.

아이들이 좋아하는 진한 초콜릿 맛의 에그 타르트입니다. 다크 초콜릿을 사용해 초콜릿의 맛이 달걀의 맛에 가려지지 않게 했습니다. 부드러운 크렘 앙글레이즈에 다크초콜릿을 녹여 만든 초콜릿 크렘 앙글레이즈는 초콜릿의 묵직하고 깊이 있는 맛을 느낄 수 있는, 입에서 사르르 녹아드는 초콜릿 풍미가 매력적인 에그 타르트입니다.

투 톤 초콜릿 에그 타르트

앞서 소개한 초콜릿 에그 타르트가 녹인 초콜릿과 크렘 앙글레이즈를 섞어 퐁사주한 반죽에 부어 굽는 방식이라면, 지금 소개하는 초콜릿 에그 타르트는 퐁사주한 반죽에 녹이지 않은 초콜릿을 넣고 그 위에 크렘 앙글레이즈를 부어 만드는 방식입니다.

이 방법으로 구운 에그 타르트는 바닥에 초콜릿이 깔려 있어 두 개의 층으로 완성되며, 초콜릿의 맛과 크렘 앙글레이즈의 맛을 각각 느낄 수 있고 부분적으로는 초콜릿의 맛을 더 진하게 느낄 수 있는 것이 특징입니다.

슈라즈케이크에서는 겉면만 보아도 초콜릿 맛의 에그 타르트라는 것을 손님들이 알아보시기 쉽게 하기 위해 초콜릿 크렘 앙글레이즈로 굽는 방식을 선택해 작업하고 있는데요, 두 가지 방법 모두 각각 다른 특징을 가진 초콜릿 맛 에그 타르트이므로 만들어보고 비교해보신 후 선택하시면 좋을 것 같습니다.

◆ 여기에서는 펠클린 사오팔메 60% 초콜릿을 7알씩 넣고 크렘 앙글레이즈를 채워 만들었습니다.

4

CHEESE
EGG TART

치즈 에그 타르트

ingredients (12구 머핀 틀 1판 분량)

치즈 크렘 앙글레이즈 에그 타르트 1개 분량

치즈크림 소스 (치즈트리, 크림앤체다치즈) ······	120g	10g
크렘 앙글레이즈 (32p) ······	720g	60g
총	**약 840g**	70g

충전물

카망베르	··················	120g	10g
체다 치즈	··················	120g	10g

반죽

파트 브리제 (12p)	··················	564g	42~50g

1

2

3

치즈 크렘 앙글레이즈

1. 치즈크림 소스가 담긴 볼에 비슷한 양의 크렘 앙글레이즈를 부어줍니다.

2. 전자레인지에서 미지근한 상태로 데운 후 주걱으로 치즈크림 소스를 덩어리 없이
   잘 풀어줍니다.

    치즈크림 소스는 무게감이 있는 편이라 잘 풀어주지 않으면 덩어리가 가라앉은 상태가 되어 마지막에 붓는
   에그 타르트만 맛이 진해질 수 있으므로 주의합니다.

3. 남은 크렘 앙글레이즈를 나눠 넣어가며 고르게 섞어줍니다.

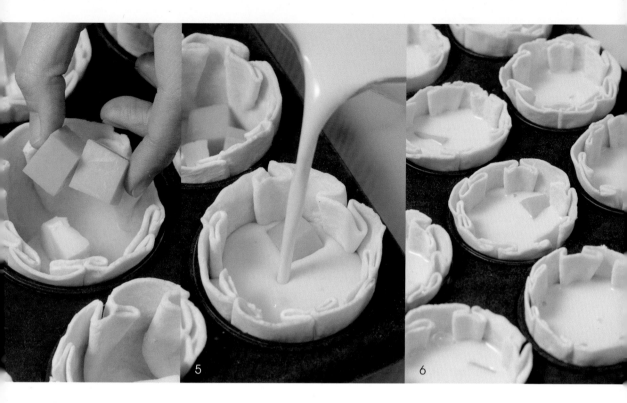

마무리

4. 퐁사주한 반죽에 깍둑썰기한 카망베르와 체다 치즈를 각각 10g씩 넣어줍니다.

🥕 카망베르를 먼저 넣고 체다 치즈를 위로 가게 넣으면 구워진 에그 타르트의 표면이 체다 치즈로 인해 더 노릇하게 구워져 먹음직스럽습니다. 치즈는 큼직하게 깍둑썰어야 단면도 예쁘게 나오고 식감도 쫄깃하게 완성됩니다.

🥕 취향에 따라 원하는 치즈를 사용할 수 있습니다. 단, 고다치즈의 경우 실온에서 단단한 상태이므로 구워진 직후나 따뜻하게 데워 먹을 때는 괜찮지만 식은 후 먹으면 딱딱하게 느껴질 수 있으며, 모차렐라치즈의 경우도 마찬가지로 식은 후 먹으면 고무처럼 질긴 느낌이라 추천하지 않습니다. 슈라즈케이크에서는 대중적으로 익숙하면서도 호불호 없이 맛있게 드실 수 있도록 체다 치즈와 카망베르를 섞어 사용하고 있습니다.

5. 차가운 상태의 치즈 크렘 앙글레이즈를 머핀 틀 높이 기준 1cm 아래까지 부어줍니다.

🥕 사용하는 틀의 모양, 퐁사주한 반죽의 높이에 따라 앙글레이즈의 양이 달라질 수 있습니다.

6. 210℃로 예열된 오븐에서 20분간 굽고, 180℃로 낮춰 20분간 추가로 구워줍니다.

🥕 구워져 나온 직후에는 표면이 봉긋하게 올라온 상태이며, 시간이 지나면 자연스럽게 내려앉습니다.

🥕 구운 에그 타르트는 틀에 담긴 그대로 식혀 어느 정도 필링이 안정되면 식힘망에 뒤집어 빼냅니다.

체다 치즈의 짭조름한 맛과 카망베르의 크림 같은 부드러운 식감이 더해져 필링과도 잘 어우러지는 치즈 에그 타르트입니다. 블록 모양으로 큼직하게 썰어 넣은 두 가지 치즈의 맛과 식감이 포인트입니다. 큼직하게 썬 치즈의 씹히는 식감과 적당히 느껴지는 짭조름한 맛, 치즈 크림 앙글레이즈의 단맛이 더해져 단짠단짠 매력은 물론 식감까지도 재미있는 메뉴랍니다.

5

CRÈME BRÛLÉE EGG TART

크렘 브륄레 에그 타르트

ingredients

캐러멜 (에그 타르트 약 47개 분량)

설탕	··················	280g
물엿	··················	30g
물A	··················	60g
물B	··················	105g
총		**475g**

크렘 앙글레이즈 (32p) (12구 머핀 틀 1판 분량)	··················	840g

반죽 (12구 머핀 틀 1판 분량)

파트 브리제 (12p)	··················	564g

캐러멜

1. 냄비에 설탕, 물엿, 물A를 넣고 가열하다가 가장자리부터 갈색빛으로 변하기 시작하면
주걱으로 냄비 전체를 고르게 섞어가며 캐러멜 색이 날 때까지 가열합니다.

 깔끔한 맛의 캐러멜이 잘 어울린다고 생각해서 버터를 넣지 않고 완성했습니다.

2. 210℃가 되면 불을 끄고 215℃가 되었을 때 80℃ 정도로 데운 물B를 조금씩 흘려
넣어가며 주걱으로 섞어줍니다.

 210℃가 되었을 때 불을 꺼도 잔열로 인해 온도는 계속 올라가므로 215℃가 되는 시점을 확인하고
물을 넣어줍니다. 200℃에서 물을 넣게 되면 연한 캐러멜로 완성됩니다.

215°C

진한 캐러멜

연한 캐러멜

3

4

3. 완성된 캐러멜은 색이 더 진해지지 않도록 볼에 옮겨 식혀줍니다.

4. 짤주머니에 담아 사용합니다.

 여기에서 만든 캐러멜은 사진 속 '진한 캐러멜'입니다. 연한 캐러멜의 경우 캐러멜 특유의 쌉싸래한 맛보다
단맛이 더 강하게 느껴지며 에그 타르트 아랫부분이 물렁하게 완성될 수 있습니다. 진한 캐러멜의 경우
좀 더 단단한 느낌으로 완성되며 에그 타르트에서 캐러멜 특유의 쌉싸래한 맛이 더 진하게 납니다.

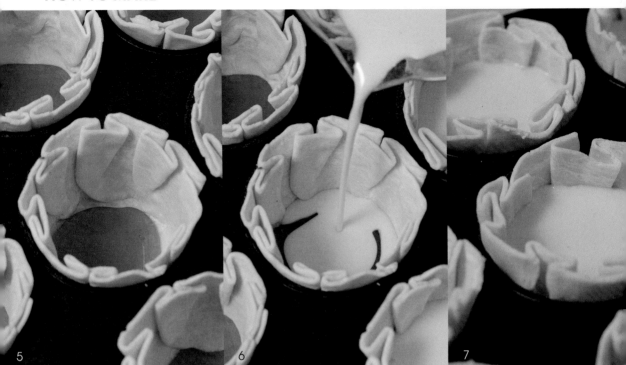

5   6   7

마무리

5.   퐁사주한 반죽에 차가운 상태의 캐러멜을 10g씩 채워줍니다.

🥕   반죽의 바닥 부분이 너무 얇으면 구워질 때 캐러멜이 흘러나와 끈적거릴 수 있으니 주의합니다.

🥕   캐러멜은 취향에 따라 15g까지 늘려도 좋습니다.

6.   차가운 상태의 크렘 앙글레이즈를 머핀 틀 높이 기준 1cm 아래까지 부어줍니다.

🥕   사용하는 틀의 모양, 퐁사주한 반죽의 높이에 따라 앙글레이즈의 양이 달라질 수 있습니다.

7.   210℃로 예열된 오븐에서 20분간 굽고, 180℃로 낮춰 20분간 추가로 구워줍니다.

🥕   구워져 나온 직후에는 표면이 봉긋하게 올라온 상태이며, 시간이 지나면 자연스럽게 내려앉습니다.

🥕   구운 에그 타르트는 틀에 담긴 그대로 식혀 어느 정도 필링이 안정되면 식힘망에 뒤집어 빼냅니다.

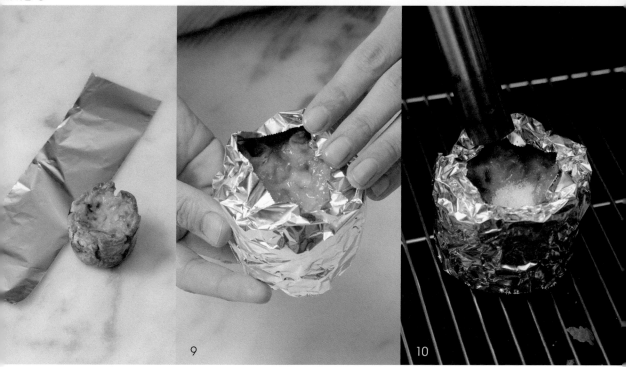

9

10

캐러멜라이징 ①

8. 에그 타르트를 감쌀 은박지를 준비합니다.

9. 브리제 부분이 감싸지도록 은박지를 둘러줍니다.

 토치로 그을릴 때 브리제 부분이 타지 않게 하기 위함입니다.

10. 에그 타르트 윗면 크렘 앙글레이즈 부분에 설탕을 뿌린 후 토치로 설탕을 녹이면서 그을려줍니다.

 설탕을 뿌리고 토치로 그을리는 작업을 2~3번 반복합니다.

11   12   13

캐러멜라이징 ②

11.   냄비에 설탕을 넣고 가열합니다.

🥕   설탕의 결정화가 일어날 수 있으므로 색이 옅게 나기 시작하면 주걱으로 저어줍니다.

12.   설탕이 모두 녹고 사진과 같이 중간 정도의 갈색이 되면 불에서 내립니다.

13.   실리콘매트에 붓고 평평하게 펼칩니다.

14. 캐러멜이 굳으면 적당한 크기로 잘라줍니다.

15. 완전히 식힌 에그 타르트 중앙에 캐러멜 3g을 올린 후 토치로 그을립니다.

 설탕을 뿌리고 토치로 그을리는 작업에 비해 편리한 방법입니다. 캐러멜 부분만 토치로 그을리므로 브리제 부분이 타지 않기 때문에 은박지지를 쌀 필요도 없습니다. 게다가 그을리고 난 후의 윗면도 유리알처럼 반짝입니다.

크렘 브륄레를 에그 타르트 버전으로 만들어본 메뉴입니다. 타르트 윗면에 설탕을 뿌리고 토치로 그을리는 방법, 캐러멜을 만들어 타르트에 올리고 토치로 그을리는 방법 두 가지로 소개하는 크렘 브륄레 에그 타르트입니다. 달콤쌉싸름한 캐러멜의 풍미가 필링과도 참 잘 어울립니다. 슈라즈케이크에서는 캐러멜을 진하게 만들어 단맛보다는 캐러멜 특유의 쌉싸래한 풍미가 느껴지도록 만들고 있습니다. 숟가락으로 캐러멜을 톡톡 쳐서 깨트려 먹는 재미도 있으니, 맛과 재미를 동시에 즐겨보시기 바랍니다.

6

CHESTNUT EGG TART

밤 에그 타르트

ingredients (12구 머핀 틀 1판 분량)

밤 크렘 앙글레이즈			에그 타르트 1개 분량
밤 페이스트 (사바톤)	....	180g	15g
커피 파우더 (이과수)	....	3.6g	0.3g
크렘 앙글레이즈 (32p)	....	780g	65g
총		약 963.6g	80.3g

충전물			
내피밤 (진산명가)	....	12알	1알

반죽			
파트 브리제 (12p)	....	564g	42~50g

1   2   3

밤 크렘 앙글레이즈

1. 밤 페이스트와 커피 파우더가 담긴 볼에 크렘 앙글레이즈 일부를 부어줍니다.

 커피 파우더는 밤의 맛을 더욱 더 풍부하게 끌어올려주기 위해 사용했습니다.

 밤 페이스트 대신 밤 스프레드를 사용해도 좋습니다.

2. 전자레인지에서 미지근한 상태로 데운 후 주걱으로 덩어리 없이 잘 개어가며 풀어줍니다.

3. 바믹서로 블렌딩합니다.

4. 남은 크렘 앙글레이즈를 모두 넣고 고르게 섞어줍니다.

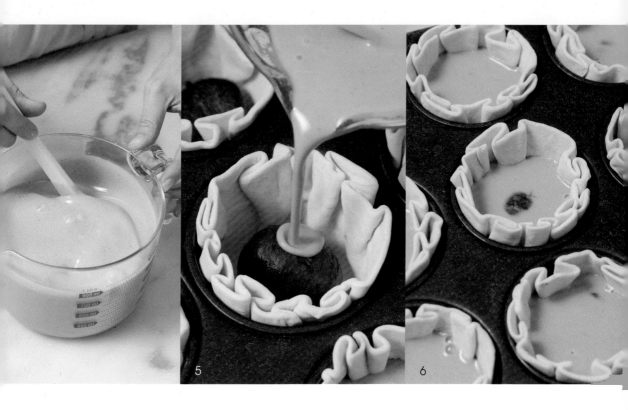

마무리

5. 퐁사주한 반죽에 내피밤을 한 알씩 넣고, 차가운 상태의 밤 크렘 앙글레이즈를 머핀 틀 높이 기준 1cm 아래까지 부어줍니다.

 내피밤이 없다면 시판 맛밤을 사용해도 좋습니다.

 사용하는 틀의 모양, 퐁사주한 반죽의 높이에 따라 앙글레이즈의 양이 달라질 수 있습니다.

6. 210℃로 예열된 오븐에서 20분간 굽고, 180℃로 낮춰 20분간 추가로 구워줍니다.

 구워져 나온 직후에는 표면이 봉긋하게 올라온 상태이며, 시간이 지나면 자연스럽게 내려앉습니다.

 구운 에그 타르트는 틀에 담긴 그대로 식혀 어느 정도 필링이 안정되면 식힘망에 뒤집어 빼냅니다.

밤 한 알이 통째로 들어가 더 먹음직스
러운 밤 에그 타르트입니다. 부드러운 크
렘 앙글레이즈와 묵직한 밤 페이스트를
넣어 만든 밤 크림 앙글레이즈의 조합이
참 좋고요, 여기에 밤 자체의 담백한 맛
이 더해져 느끼한 맛을 잡아주는 한 끼
식사로도 든든한 디저트랍니다. 통 알밤,
푸딩 같은 질감의 필링, 바삭한 브리제를
한 입에 넣어 함께 즐겨주세요.

PORTUGAL STYLE EGG TART

포르투갈식 에그 타르트

ingredients (에그 타르트 약 44개 분량) *여기에서는 윗지름 6.8cm,
아랫지름 4.8cm, 높이 2cm
은박 에그 타르트 몰드를 사용했습니다.

데트랑프

T45밀가루 (물랑부르주아)	....	500g
물	....	210g
소금	....	16g
녹인 버터	....	82g
총		**808g**

충전물

버터 (프레지덩, 버터 시트 - 판버터)	.....	400g
크렘 앙글레이즈 (32p)	....	1760g

시럽

물과 설탕을 1:2 비율로 계량해 설탕이 녹을 정도로만 가열한 후
식혀 사용합니다. (너무 오래 가열하면 결정화되므로 주의합니다.)

1.   물, 소금을 잘 섞어 준비합니다.

       여름철에는 찬물(얼음물에서 얼음을 뺀)을 사용하고, 그 외의 계절에는 0~10℃사이의 물을 사용합니다.

2.   버터는 전자레인지로 녹인 후 30~40℃ 정도로 식으면 사용합니다.

3.   T45밀가루에 미리 섞어둔 물과 소금을 조금씩 흘려 넣으면서 섞어줍니다.

5   반죽이 뭉쳐지기 시작한 상태   반죽이 완성된 상태

4.   녹인 버터를 조금씩 흘려 넣으면서 섞어줍니다.

5.   반죽이 뭉쳐지기 시작하면 1단에서 약 5분간 믹싱합니다.

6   7   8

6. 반죽(전량)을 비닐봉지에 옮긴 후 약 20cm 정사각 모양으로 만들어 냉장고에서
최소 1시간 휴지시켜줍니다.

7. 반죽을 손가락으로 눌렀을 때 다시 올라오지 않는 정도가 되면 20 × 40cm로 밀어 편 후
20cm 정사각형으로 밀어 편 판버터를 반죽 가운데에 올리고 양쪽 반죽으로 버터를
감싸고 고정시켜줍니다.

8. 반죽을 60cm 길이로 밀어 편 후 3절로 접고, 다시 75~80cm 길이로 밀어 편 후
4절로 접어 냉장고에서 휴지시켜줍니다. (3절 1회, 4절 1회)

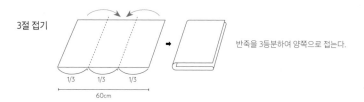

3절 접기   반죽을 3등분하여 양쪽으로 접는다.

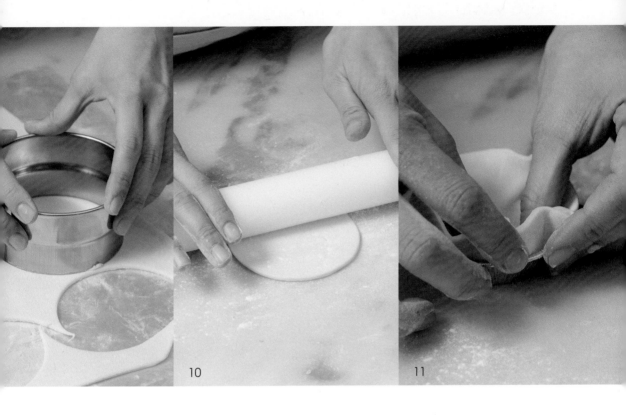

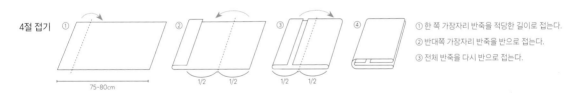

4절 접기

① 한쪽 가장자리 반죽을 적당한 길이로 접는다.
② 반대쪽 가장자리 반죽을 반으로 접는다.
③ 전체 반죽을 다시 반으로 접는다.

75-80cm

1/2   1/2

1/2   1/2

9. 휴지시킨 반죽을 절반으로 잘라 1.4mm 두께로 밀어 편 후 지름 10cm 원형 무스 링으로 잘라줍니다.

반죽을 1.7mm로 밀어 편 경우 지름 9cm 원형 무스 링으로 자른 후 밀대로 조금 더 밀어 펴줍니다.

10. 지름 10~11cm 정도로 밀어 폅니다.

11. 은박 컵에 퐁사주합니다.

은박 컵 높이보다 조금 더 높게 올라오도록 퐁사주합니다. 단, 너무 높게(1cm 이상) 올라오게 퐁사주하면 반죽이 은박 몰드 바깥쪽으로 누워버리니 주의합니다.

12

13

12. 은박 컵이 찌그러지지 않게 주의하면서 퐁사주합니다.

13. 냉동고에 잠시 두어 반죽을 굳혀줍니다.

15

16

14. 퐁사주한 반죽에 차가운 상태의 크렘 앙글레이즈를 40g씩 부어줍니다.

🥕 사용하는 틀의 모양, 퐁사주한 반죽의 높이에 따라 앙글레이즈의 양이 달라질 수 있습니다.

15. 170℃로 예열된 오븐에서 40분간 구워줍니다.

🥕 구워져 나온 직후에는 표면이 봉긋하게 올라온 상태이며, 시간이 지나면 자연스럽게 내려앉습니다.

🥕 여기에서는 스메그 컨벡션 오븐 ALFA43K 모델을 사용했으며, 테스트한 결과 160~165℃에서 40분간 구웠을 때 가장 좋은 결과를 얻을 수 있었습니다. 오븐의 온도가 너무 높으면 앙글레이즈의 색이 과하게 진해지고 파이의 결이 피어나지 못하고 뭉치게 됩니다.

16. 구워져 나온 에그 타르트가 한 김 식으면 시럽을 발라줍니다.

🥕 구워져 나온 직후 시럽을 바르면 앙글레이즈 표면이 벗겨질 수 있습니다.

반죽을 겹겹이 접어 얇은 결을 만들어 가볍지만 바삭한 식감이 한 층 크게 느껴지는 에그 타르트입니다. 반죽에 들어가는 버터의 종류, 접는 방법과 결의 수, 반죽의 무게 등 수많은 테스트를 통해 완성한 푀이타주 반죽입니다. 슈라즈케이크의 기본 에그 타르트(파트 브리제)보다 필링의 비율이 적고 파이지 비중이 높아 버터의 풍미가 더 잘 느껴지는 것이 특징입니다.

파트 푀이타주 알아보기

밀가루와 물, 소금을 넣어 만든
반죽인 '데트랑프(DÉTREMPE)'로
버터를 감싸 겹겹이 접어 반죽과 버
터의 층을 분리해 결을 만들어 내는 접
이형 반죽입니다. 얇은 결로 인해 더 가볍
게 파삭한 식감을 내며 버터의 풍미가 진하
고, 설탕이 들어가지 않아 구움색이 옅은 것이
특징입니다.   슈라즈케이크에서는 대량생산 시 작
업성을 고려해 반죽의 양을 적게, 최대한 얇게 밀어 펴
애벌 굽기 없이 한 번에 바삭하게 구워냅니다. 반대로 소량
으로 작업하는 경우에는 반죽에 누름돌을 넣어 애벌 굽기를 한 후
필링을 붓고 다시 한 번 구워 더 바삭하게 완성합니다.

파트 푀이타주

파트 브리제

about
shuraz
egg tart

1. 이 책에서 사용한 재료 & 도구

서울우유 생크림
유지방 함량 38% 생크림으로 이 책
에서는 크렘 앙글레이즈를 만들 때
사용했습니다.

엘르앤비르(ELLE&VIRE) 휘핑크림
유지방 함량 35% 동물성 휘핑크림
으로 이 책에서는 크렘 앙글레이즈
대량 작업 시 국내산 생크림과 섞어
사용했습니다.

서울우유
멸균 흰우유로 이 책에서는 크렘 앙
글레이즈 대량 작업 시 사용했습니
다.

아이엠에그
멸균 난황액으로 이 책에서는 크렘
앙글레이즈 대량 작업 시 사용했습
니다.

엘르앤비르(ELLE&VIRE) 판버터
주로 반죽을 접고 밀어 펴는 작업으
로 만드는 페이스트리 작업 시 사용
하는 판버터로 일반 버터에 비해 수
분 함량이 낮아 작업성이 좋은 것이
특징입니다. 이 책에서는 파트 브리
제 대량 작업 시 작업성을 위해 일반
버터와 함께 사용했습니다.

밥비(BABBI) 바닐라 페이스트
바닐라빈을 페이스트 형태로 가공
한 제품으로 이 책에서는 크렘 앙글
레이즈 대량 작업 시 사용했습니다.
바닐라빈을 사용하는 것에 비해 가
성비가 좋아 대량 작업 시 사용하고
있습니다.

진산명가 내피밤 감로자

당적밤, 보늬밤, 감로자밤이라고도
불립니다. 밤의 겉껍질을 벗겨 당절
임한 제품입니다. 이 책에서는 밤 에
그 타르트의 충전물로 사용했으며,
홈베이커의 경우 시판 맛밤으로 대
체해도 좋습니다.

치즈트리 크림앤체다치즈

체다 치즈 소스로 이 책에서는 치즈
에그 타르트에 들어가는 크렘 앙글
레이즈에 사용했습니다.

펠클린(FELCHNIN) 다크초콜릿

펠클린사의 사오팔메(SAO PALME) 60% 다크초콜릿입니다. 이 책에서는 초콜릿 에그 타르트에 사용했습니다. 초콜
릿 에그 타르트의 경우 사용하는 초콜릿에 따라 전체적인 맛이 좌우되므로 취향에 따라 원하는 초콜릿으로 대체해도
좋지만, 적당한 단맛을 위해 카카오 함량 55~60% 제품을 사용하는 것을 추천합니다.

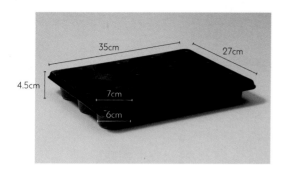

12구 머핀 틀

한 구의 크기가 윗지름 7cm, 아랫지름 6cm, 높이 4.5cm인 머핀 틀입니다. 이 책에서 대부분의 레시피의 기준이 되는 틀이지만, 꼭 이 크기의 틀이 아니더라도 사용하는 반죽의 크기와 퐁사주한 높이에 맞춰 충전물의 양을 가감하여 사용할 수 있습니다.

1구 머핀 틀

슈라즈케이크에서는 오븐에 옮기는 데 있어 편리함 때문에 12구 머핀 틀을 사용하고 있지만 1구 머핀 틀을 여러 개 사용하거나, 12구 머핀 틀에 작업하고 남은 자투리 혹은 추가로 사용해도 좋습니다. 12구 머핀 틀이 들어가지 않는 에어프라이어 작업 시 특히 유용하게 사용할 수 있습니다.

은박 에그타르트 몰드

알루미늄 재질로 만들어진 1회용 몰드입니다. 이 책에서는 포르투갈식 에그 타르트를 만들 때 사용했습니다.

* 이 책에서는 윗지름 6.8cm, 아랫지름 4.8cm, 높이 2cm 은박 에그 타르트 몰드를 사용했습니다.

2. 사용하는 버터의 종류에 따라 달라지는 반죽의 풍미와 식감

버터의 종류만 바꿔가며 동일한 배합과 공정으로 만든 파트 브리제입니다. 이번 책을 위해 여러 가지 브랜드의 버터를 테스트하면서 차이를 비교해보았는데요, 맛과 식감은 물론 구움색의 정도까지 생각했던 것보다 훨씬 큰 차이를 느낄 수 있었습니다. 맛과 식감에 대한 취향은 사람마다 다르므로 여러분들도 직접 테스트해보시고 내 취향에 꼭 맞는 에그 타르트를 만들어보시기 바랍니다. 파트 브리제만 맛보는 것과 필링을 채워 함께 맛보는 것도 또 다른 느낌이니 두 가지 모두 테스트해보시고 선택하시는 것을 추천합니다.

레스큐어 AOP 롤버터	프레지덩 버터	앵커 버터	이즈니 버터	엘르앤비르 버터
버터의 풍미가 상당히 좋았고 부드러운 식감으로 완성되었다.	테스트한 버터 중 가장 바삭한 식감이었고 결이 한 층 한 층 살아 있게 완성되었다.	구움색이 가장 진해 먹음직스럽고 바삭한 편이었다. 저렴한 가격 또한 장점이다.	우유의 풍미가 가장 진하게 느껴졌고 부드럽게 바스라지는 식감으로 완성되었다.	어느 하나 튀는 부분 없이 작업성, 풍미 모두 적당하게 좋았다.

- 버터의 색이 진한 노란색일수록 구워진 후의 색도 더 진합니다.

- 일반 버터는 유지방 함량이 82% 정도인 것에 비해 판버터는 82% 정도이거나 더 높기 때문에 일반 버터에 비해 작업성이 더 좋습니다.

- 이즈니 버터가 우유의 맛이 가장 강하게 느껴졌으며, 식감보다는 풍미가 좋았습니다. 반대로 앵커 버터와 프레지덩 버터는 우유의 맛은 강하지 않았지만 단단하고 바삭한 식감을 주어, 풍미보다는 식감이 좋았습니다.

- 레스큐어 버터와 엘르엔비르 버터는 어느 하나 크게 튀는 것 없이 무난했습니다.(식감과 맛 모두 밸런스가 좋았습니다.) 엘르앤비르 버터가 가격이 더 저렴하고 작업성도 더 좋았습니다.

3. 에그 타르트 Q&A

오랫동안 에그 타르트 수업을 하면서 수강생 분들에게 질문 받았던 것들을 모아 보았습니다. 여기에서 설명하는 내용만 잘 숙지해도 실패할 확률이 뚝! 떨어질 거예요. 에그 타르트를 만들기 전 꼭 확인해주세요.

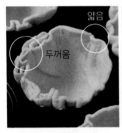

한 쪽만 퐁사주가 두껍게 된 경우

퐁사주를 할 때 어느 한 부분만 두껍거나 얇지 않도록 균일한 두께와 간격으로 작업합니다. 사진과 같이 한 쪽으로만 주름이 치우치면 상대적으로 얇게 퐁사주된 부분이 생깁니다. 이렇게 되면 두꺼운 쪽은 식감이 좋지 않고 얇은 쪽은 힘없이 쉽게 주저앉아버립니다.

반죽이 틀에 잘 밀착되지 않은 경우

퐁사주를 할 때 틀의 옆면과 바닥 부분에 반죽이 잘 밀착될 수 있도록 합니다. 사진과 같이 반죽이 틀에 잘 밀착되지 않고 헐거운 상태로 오븐에서 구우면 반죽이 쉽게 내려앉아 충전물이 넘칠 수 있습니다. 이렇게 되면 전체적으로 말랑말랑한 식감으로 완성됩니다.

반죽 바닥에 큰 버터 덩어리가 있는 경우

반죽의 바닥에 큰 버터 덩어리가 있는 경우 오븐에서 구워지면서 버터 덩어리가 녹아 구멍이 생기게 됩니다. 따라서 반죽을 분할하거나 밀어 펼 때 너무 큰 버터 덩어리가 보인다면 스크래퍼로 잘라 반죽 사이사이에 넣고 작업합니다.

크렘 앙글레이즈를 휴지하지 않고 만들어 바로 사용하는 경우

크렘 앙글레이즈를 만든 직후에는 기포가 많이 들어간 상태라 구워져 나온 에그 타르트 단면에 구멍이 생기거나 필요 이상으로 부풀게 됩니다. 따라서 만든 직후 사용하는 경우 작업 시 최대한 기포가 들어가지 않게 살살 섞어주거나, 만든 후 하루 동안 휴지시켜 기포를 없애 사용하는 것이 좋습니다.

국내산 생크림만 사용   프랑스산 휘핑크림 사용

프랑스산 크림으로만 크렘 앙글레이즈를 만드는 경우

• 슈라즈케이크에서는 국내산 생크림과 프랑스산 동물성 휘핑크림을 섞어 크렘 앙글레이즈를 만들고 있습니다. 점도가 높은 프랑스산 휘핑크림만 단독으로 사용하면 에그 타르트가 필요 이상으로 많이 부풀게 완성되므로 국내산 생크림과 섞어 사용하는 것을 추천합니다.

• 완성된 에그 타르트의 윤기 정도에도 차이가 나는데, 국내산 생크림으로만 만든 에그 타르트보다 프랑스산 휘핑크림이 들어간 에그 타르트가 더 윤기가 납니다.

크렘 앙글레이즈의 온도가 높은 경우

수강생 분들이 가장 많이 질문하시는 것 중 하나입니다. 크렘 앙글레이즈의 온도가 높을수록 달걀이 응고되면서 전체적인 농도가 되직해져 구워지면서 표면이 갈라지게 됩니다. 따라서 크렘 앙글레이즈는 75℃로 완성한 후 냉장 온도로 낮춰 사용합니다.

오븐에서 너무 오래 구운 경우

오븐에서 필요 이상으로 오래 굽거나, 낮은 온도에서 오래 구운 경우 수분을 너무 많이 뺏겨 에그 타르트에 구멍이 생기거나, 메말라 보일 수 있습니다.

크렘 앙글레이즈가 새어 나온 경우

이 부분도 수강생 분들의 문의를 많이 받은 질문 중 하나인데요, 슈라즈케이크에서는 사진 정도로 크렘 앙글레이즈가 살짝 넘쳐 약간의 얼룩이 생긴 경우 폐기하지 않고 판매하고 있습니다. 모든 공정을 신경 써 작업해도 한두 개 정도는 얼룩이 생길 수 있는데요, 사용하는 오븐의 바람 세기 정도나 여러 가지 상황에 따라 종종 발생합니다. 맛이나 식감에는 지장이 없으므로 심하지 않은 경우라면 굳이 폐기하지 않으셔도 됩니다.

 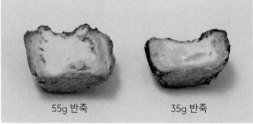

55g 반죽　　35g 반죽　　　　55g 반죽　　35g 반죽

분할한 반죽의 양에 따라 달라지는 높이

반죽을 각각 35g, 55g으로 분할해 동일한 크기로 밀어 펴면 두께에 차이가 생기게 되며, 완성된 에그 타르트의 높이가 달라질 수 있습니다. 반죽이 얇으면 에그 타르트가 쉽게 내려앉으므로 55g 반죽보다 35g 반죽이 더 낮게 완성될 가능성이 높습니다.

4. 하루 지난 에그 타르트를 가장 맛있게 먹는 방법

에그 타르트는 실온에서 하루 정도 보관이 가능하지만 안전상의 이유로 냉장 또는 냉동 보관을 추천합니다. 냉장 또는 냉동 보관을 할 경우 개별로 랩핑합니다.

냉동한 에그 타르트의 경우 오븐 또는 에어프라이어의 사양에 따라 차이가 있겠지만 보통 170℃에서 10~15분(해동하지 않고 그대로)간 데워 먹으면 됩니다. (단, 밤 에그 타르트의 경우 충전물로 넣은 밤이 데워질 때까지 3분 정도 더 데워줍니다.)

냉장한 에그 타르트의 경우 모든 에그 타르트가 동일하게 170℃에서 15분간 데워 먹습니다.

냉장 또는 냉동한 에그 타르트를 차갑게 먹어도 맛있는데요, 냉동 보관한 경우에는 실온에서 해동한 후 먹으면 아이스크림 같은 맛으로 즐길 수 있습니다.

전자레인지에 돌려 먹는 것은 추천하지 않는데요, 데우고 난 후 오히려 더 질겨지고 바삭하지 않고 말랑한 상태가 되며, 너무 오래 데울 경우 충전물을 채운 부분이 터질 수 있기 때문입니다.

5. 에그 타르트 포장하기

슈라즈케이크에서는 에그 타르트를 머핀 컵에 담아 4구, 6구 박스에 포장해드리고 있으며 낱개로
판매하는 경우 아래의 방법으로 노루지 L자 봉투로 포장해 크라프트 봉투에 담아드리고 있습니다.

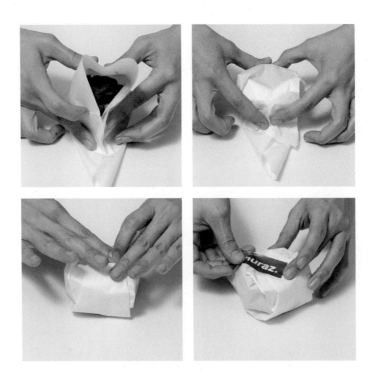

○ 슈라즈케이크에서
   사용하는
   에그 타르트 포장지

①

②

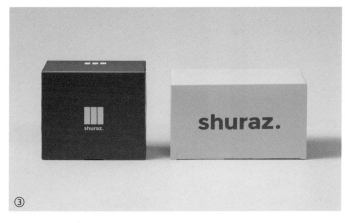
③

① 밑지름 5.5cm 머핀 컵 (유산지 컵)
*사용하는 머핀 틀에 맞는 크기를 사용합니다.
② 노루지 L자 봉투
③ 4구/6구 종이 박스
④ 크라프트 봉투

④

shuraz. 슈라즈케이크

슈라즈케이크는
다시 돌아오지 않을 단 하루의 날에
우리의 디저트가 함께 할 수 있음에 감사합니다.

늘 감사한 마음으로 건강한 재료는 물론
기본에 충실하게, 정성을 담아 만들고 있습니다.

우리의 디저트를 즐겨주시는 모든 분들에게
더 가깝게 다가갈 수 있도록 택배 판매, 매장 판매,
베이킹 클래스 등을 진행하고 있습니다.

매장 오픈	오전 9시 ~ 오후 9시
매장 휴무	연중무휴 (휴무 시 인스타그램으로 공지)
매장 전화번호	070 4007 4574

매장 주소

: 경기도 고양시 일산서구 호수로856번길 34-4 1층

클래스 장소

: 경기도 고양시 일산서구 호수로838번길 28 1층

* 클래스 공지는
    슈라즈케이크 블로그(https://blog.naver.com/halusalee83)에서
    확인하실 수 있습니다.

네이버 스토어팜

https://smartstore.naver.com/shurazcake

카카오플러스 문의 : @슈라즈케이크

블로그

네이버 스토어팜

인스타그램

SHURAZ

ROLL CAKE &
SHORT CAKE

슈라즈 롤케이크 & 쇼트케이크

박지현 지음, 328p, 28000원

케이크 맛집 슈라즈케이크의 인기 디저트 레시피를 담았습니다. 디저트 관련 업계 종사자 분들에게는 남녀노소 누구나 맛있게 즐길 수 있는 디저트 카페 판매 레시피로, 홈베이커 분들에게는 집에서도 쉽고 맛있고 근사하게 완성할 수 있는 케이크 레시피로 다양하게 활용하실 수 있도록 모든 공정을 자세하게 담은 책입니다.

제 1권 『롤케이크』에서는 슈라즈케이크에서 실제 판매되고 있는 베스트셀러 롤케이크 레시피 10가지와 함께 실패 없이 동그랗고 예쁘게 롤케이크 마는 법 등의 기본적인 이론을 동영상을 보듯 상세하고 친절하게 설명합니다.

제 2권 『쇼트케이크』에서는 슈라즈케이크에서 실제 판매되고 있는 스테디셀러 쇼트케이크 레시피 13가지와 함께 시트 재단부터 샌딩, 아이싱, 종류별 케이크 자르는 법, 조각 케이크 포장법 등의 이론을 설명합니다. 또한 아이싱이 어려운 분들을 위해 케이크 띠지와 스크레이퍼를 이용한 간단한 아이싱 방법, 아이싱이 필요 없는 케이크 데커레이션 방법도 설명합니다.

ROLL CAKE

카스텔라 딸기 롤케이크

오렌지 치즈 롤케이크

피스타치오 무화과 롤케이크

말차 단팥 롤케이크

꿀호박 롤케이크

호지차 라떼 롤케이크

이그조틱 캐러멜 롤케이크

헤이즐넛 모카 롤케이크

다크초콜릿 롤케이크

티라미수 롤케이크

SHURAZ

SHORT CAKE

딸기 생크림 케이크

패션 망고 케이크

상큼 레몬 케이크

퓨어 치즈 케이크

봄날 케이크

마롱 케이크

멜팅 바나나 케이크

헤이즐넛 로셰 케이크

크런치 쇼콜라 케이크

쑥고물 케이크

콩고물 케이크

깨찰떡 케이크

다쿠아즈
장은영 지음 | 168p | 16,000원

파운드케이크
장은영 지음 | 196p | 19,000원

보틀 디저트
장은영 지음 | 200p | 28,000원

마시멜로
김소우 지음 | 176p | 18,000원

CHOCOLATE
이민지 지음 | 216p | 24,000원

콩맘의 케이크 다이어리
정하연 지음 | 328p | 28,000원

콩맘의 케이크 다이어리 2
정하연 지음 | 304p | 36,000원

브런치 타임
심가영 지음 | 192p | 19,000원

마망갸또 캐러멜 디저트
피윤정 지음 | 304p | 37,000원

어니스트 브레드
윤연중 지음 | 360p | 32,000원

에클레어 바이 가루하루
윤은영 지음 | 280p | 38,000원

타르트 바이 가루하루
윤은영 지음 | 320p | 42,000원

데커레이션 바이 가루하루
윤은영 지음 | 320p | 44,000원

트래블 케이크 바이 가루하루
윤은영 지음 | 368p | 48,000원

낭만브레드 식빵
이미영 지음 | 224p | 22,000원

프랑스 향토 과자
김다은 지음 | 360p | 29,000원

레꼴케이쿠 쿠키 북/ 플랑 & 파이 북/ 컵케이크 & 머핀 북
김다은 지음 | 216p, 264p, 248p | 24,000원, 26,000원, 25,000원

강정이 넘치는 집 한식 디저트
황용택 지음 | 232p | 24,000원

슈라즈 롤케이크 & 쇼트케이크
박지현 지음 | 328p | 28,000원

파티스리: 더 베이직
김동석 지음 | 352p | 42,000원

플레이팅 디저트
이은지 지음 | 192p | 32,000원

조이스키친 쇼트케이크
조은이 지음 | 368p | 38,000원

페이스트리 테이블
박성채 지음 | 256p | 32,000원

효창동 우스블랑
김영수 지음 | 176p | 26,000원

식탁 위의 작은 순간들
박준우 지음 | 320p | 38,000원

집에서 운영하는 작은 빵집
김진호 지음 | 296p | 33,000원

젤라또, 소르베또, 그라니따, 콜드 디저트
유시연 지음 | 264p | 38,000원

포카치아
홍상기 지음 | 304p | 42,000원

오늘의 소금빵
부인환 지음 | 136p | 22,000원